AF461114

ÉTUDE COMPLÈTE

DE L'ÉDUCATION

DES VERS A SOIE

PAR

M. SHIMIDZEU KINZAIMON

TRADUIT DU JAPONAIS

Par M le docteur P. MOURIER

EXTRAIT DU BULLETIN DE LA SOCIÉTÉ IMPÉRIALE D'ACCLIMATATION

(N° de Janvier 1868.)

PARIS

VICTOR MASSON ET FILS

PLACE DE L'ÉCOLE-DE-MÉDECINE

ET AU SIÉGE DE LA SOCIÉTÉ

HÔTEL LAURAGUAIS, RUE DE LILLE, 19

1868

ÉTUDE COMPLÈTE
DE L'ÉDUCATION DES VERS A SOIE

Par M. SHIMIDZEU KINZAIMON,

TRADUIT DU JAPONAIS PAR M. LE DOCTEUR P. MOURIER.

A Son Exc. M. Drouyn de Lhuys, *Président de la Société Impériale d'acclimatation.*

Daignez accepter, Monsieur le Président, la dédicace de ce modeste travail. S'il est de quelque enseignement pour nos malheureuses campagnes séricicoles, le mérite vous en reviendra; car, en encourageant mes efforts, vous avez toujours su, même au milieu de hautes préoccupations, diriger vers ce but la sollicitude de la Société.

Je suis avec respect,

Monsieur le Président,

Votre très-humble et très-dévoué serviteur.

P. Mourier.

Yoko-Hama (Japon), le 30 septembre 1867.

PRÉFACE.

Quoique toutes choses aient été étudiées, l'éducation seule des Vers à soie a été laissée de côté, et, pourtant, combien retire-t-il de profit l'éducateur qui n'est pas au courant de son art?

Ayant depuis longtemps porté notre pensée sur cet art, nous sommes arrivé à le déterminer d'une façon complète; et comme les principes du commencement n'ont pas été fidèlement transmis de maison en maison, comme aussi le nombre de gens instruits en cela est très-restreint dans ce siècle, nous avons jugé à propos de mettre au jour ce livre, auquel nous avons donné le titre de *Étude complète de l'éducation des Vers à soie.*

Qu'on veuille bien suivre les méthodes qui y sont notées et

l'on verra, quoi qu'on dise, les maisons s'enrichir certainement, l'argent s'accumuler dans notre pays et tout le monde pouvoir supporter le froid (1) !

Ainsi mettez à chaque saison ce livre à vos côtés, le soir lisez-le et réfléchissez aux procédés d'éducation ; le matin, lisez-le encore et tâchez de devenir habile éducateur.

SHIMIDZEU KINZAÏMON.

Ouhéda Shiho-Dgiri (Shin-Shiou) quatrième année Ko-Koua (1847).

PREMIÈRE PARTIE.

§ 1. — De l'éducation des Vers à soie.

Dans ce pays du *commencement du soleil* (2), les provinces, les hommes, ceci, cela, tout sans exception est, dit-on, l'ouvrage des *Kami* (3). Cette croyance n'est-elle pas digne de notre plus profond respect?

De plus, contrairement aux autres classes d'insectes actuels,

(1) C'est-à-dire être capable d'acheter des vêtements de soie pour se garantir du froid. L'auteur suppose que, par ses procédés, la production de la soie doit devenir tellement abondante que le plus pauvre de ses concitoyens aura encore les moyens de se vêtir de cette manière.

Nous devons à la vérité de reconnaître que si aujourd'hui la soie est à un prix très-élevé, à l'ouverture de Yoko-Hama, du moins le bon marché fabuleux auquel nos devanciers ont pu se la procurer, n'a pas peu contribué à leur brillante et rapide fortune. Dr M.

(2) *Hi no moto* en Yamato, *Nitseupon* (Nippon), en sinico-japonais, est le nom le plus récent du Japon, qui s'appelle aussi :

Toyo ashivara, riche plaine de roseaux;
Midzen hono kouni, pays de la tige de riz;
Oura yaseu kouni, pays des côtes paisibles;
Koun shi kokou, royaume des fils des princes;
Akitseu shima, îles de l'automne;
Shikishima no kouni, pays des îles étendues;
Ono korodgima, signification inconnue aujourd'hui;
Yamato, — — ; etc., etc. Dr M.

(3) *Kami*, en aïno *Kamui*, en tartare *Kan* (grand, patriarche, prince roi, Dieu), est le nom commun de la Divinité dans la religion nationale du

le Ver à soie est né du vénérable visage du *Kami Inari Ohomi*, l'un des *mikota oukémotei*. C'est donc une portion de sa propre substance ; et quoique le *Kami* n'ait désiré et daigné enseigner la confection du cocon aux hommes, que pour leur plus grand bonheur et sans avoir égard au degré de leur intelligence ; en ce qui concerne cependant cette intelligence, si l'éducation est malhabile, le visage des *Kami* se couvre de honte, et l'insuccès n'est pas à mettre en doute ; si, au contraire, il fait preuve d'adresse, le *Kami* se réjouit dans son sacré cœur et chaque année la récolte est abondante.

Or, pour être en état de faire bien, il faut se replier sur soi-même et voir à réfléchir sur toutes choses.

Ainsi, par exemple, si même, par les temps froids, vous-même, vous éprouvez des difficultés à ne faire que deux repas au lieu de trois (1), le Ver, lui, ne supportera pas mieux un retranchement analogue. D'où la conclusion que par les temps froids il faut donner beaucoup de mûrier pour aider le Ver à supporter la température.

Autre exemple : si, par un temps froid, vous veniez à fermer portes et fenêtres de manière que la moindre parcelle d'air ne pût plus entrer, il est sûr que, l'air se viciant, vous tomberiez malade. Si encore vous empêchiez par un couvercle ou un autre obstacle votre propre respiration comme

Japon, appelée *shin dô*, religion qui peut se résumer dans le *culte des ancêtres.*

Les limites de notre travail ne nous permettent pas de donner un aperçu de cette religion, qui tend de nos jours à être incorporée dans le bouddhisme. Nous dirons seulement que la croyance vulgaire désigne, sous le nom générique de *Ouké-motei no nikoto*, tous les *Kami* qui ont donné ou appris au peuple les choses de son usage, et que, dans cette croyance, le *Kami* cité plus bas (*Inari Ohomi*) paraît devoir être le même que celui qui apprit la culture du riz, culture, dit-on, apportée par lui de l'Inde à cheval sur un renard. D'après cette version, le Ver à soie, comme le riz, serait originaire de l'Inde, ce berceau probable de tous les peuples comme de toutes les choses. Quoi qu'il en soit, le *Kami Inari Ohomi* est tenu en la plus grande vénération dans les campagnes, et nous avons été souvent témoin du culte qu'on lui rend à l'autel des Ancêtres.

(1) Au Japon, le nombre des repas pour tout le monde est réglé à trois par jour. Dr M.

celle du Ver à soie, votre vie à tous deux pourrait se flétrir. Vous pénétrant donc bien de ce fait que le Ver respire comme l'homme, vous prendrez vos mesures pour que toujours un peu de vent soit introduit par *circuits* et que l'air ne se vicie pas.

On voit des gens recouvrir aux premiers âges ou par les jours froids leurs étagères d'une espèce de moustiquaire en papier, ou bien placer un couvercle quelconque sur les jeunes insectes. C'est là une erreur énorme d'où datent toujours des maladies diverses par suite de la viciation de l'air respirable, et d'où certainement il doit résulter une mauvaise récolte. Que l'aération soit donc dirigée de telle façon que, même en réchauffant l'air, vous ne risquiez pas de le brûler. Il n'existe pas de plus grand poison que l'air renfermé et brûlé ; faites-y bien attention.

Pourquoi plante-t-on des mûriers? pour élever des Vers à soie... Et pourquoi fabrique-t-on tous ces ustensiles? pour les besoins de l'éducation... Or, la parcimonie dans le nombre de tous ces ustensiles comme dans la quantité de mûrier donnée en tenant les Vers épais, comme dans les soins de chaque instant, est une de ces erreurs dans lesquelles tombe seulement l'homme sans intelligence et qui font manquer une récolte. Soyez donc prodigue de vos soins et par la quantité d'ustensiles que vous mettrez à la disposition des Vers, tenez-les depuis leur naissance le plus clair-semés possible, donnez-leur du mûrier en extrême abondance et ne montrez pas un seul instant de paresse.

L'éducation fait l'homme, dit un proverbe : il en est de même du Ver à soie. Sachez seulement que la réussite ou l'insuccès dépendent des méthodes d'éducation et non de la fatalité attachée à l'éducateur. Le maladroit qui ne connaît pas la cause de sa mauvaise récolte est la plus grande des plus grandes bêtes!

§ 2. — Catégories d'éducateurs suivant la quantité de Mûrier donnée.

L'éducateur qui, pour élever un carton de graines, emploie

vingt-cinq charges (1) de Mûrier est dit de la première catégorie ; celui qui en emploie vingt est de la deuxième ; celui enfin qui n'en emploie que quinze est de la troisième.

Réfléchissez bien sur ces catégories ; mais quelque clair-semés que vous teniez vos Vers, donnez le Mûrier en grande abondance de façon même que le Ver puisse en quelque sorte y établir dessus son domicile.

§ 3. — Catégories d'éducateurs suivant la main-d'œuvre.

L'éducateur qui, par chaque carton de graines, emploie quatre personnes (2) depuis l'éclosion est dit de la première catégorie ; celui qui en emploie trois est de la deuxième ; celui enfin qui n'en emploie que deux est de la troisième.

Réfléchissez bien sur ces catégories ; mais quelque clair-semés que vous teniez vos Vers, faites en sorte que les soins soient de chaque instant et le travail sans relâche.

§ 4. — Des ustensiles et de leur emploi, de l'éclosion à la montée.

C'est principalement dans l'éducation des Vers à soie que, par suite des différences de froid et de chaud, de tardivité et de précocité résultant de la diversité des provinces et des localités, les procédés ont surgi nombreux. Nous les noterons cependant brièvement.

Ainsi on se sert de *mé-kagô* (3) de bambou de quatre pieds

(1) *Itci da* ou *itci dan*, une charge de cheval. La feuille au Japon n'est pas cueillie ou plutôt arrachée sur l'arbre comme en Europe. Les Mûriers ont généralement le tronc très-bas et l'aspect de nos pourrettes ; chaque année, les branches en sont coupées pour les besoins de l'éducation et les feuilles détachées à la magnanerie à l'aide de ciseaux ; quelques branches sont réservées pour l'élève des *bivoltins*, nourris, en conséquence avec la première feuille et non avec la seconde, comme on le pense en France. Nous avons vérifié ce fait. D[r] M.

(2) L'éducation est livrée surtout aux femmes et aux jeunes garçons ; les hommes se chargent du gros travail et de la cueillette des branches de Mûrier.

(3) On appelle *kago* tout objet de vannerie en lanières de bambou, corbeille, panier, chaise à porteurs commune, cage, etc., etc. Le *mé kago* (*mé*,

de long sur deux et demi de large et de deux pouces environ de profondeur. Dans le fond, on étend un mince *moushiro* et à l'éclosion on répartit les Vers en trois *kago* par carton, au *sommeil du Lion* (1) en huit, au *sommeil du Bambou* en dix-huit, au *sommeil du Bateau* en quarante, au *sommeil de la Cour* en quatre-vingts, enfin à la *montée de la Cour* en cent-vingt et plus.

D'autres emploient des *warada* de dix pieds et plus de circonférence, trois pieds et demi de diamètre et deux pouces environ de profondeur. A l'éclosion, ils font quatre *warada* par carton, au *sommeil du Lion* dix, au *sommeil du Bambou* vingt-cinq, au *sommeil du Bateau* quarante-cinq, au *sommeil de la Cour* quatre-vingt-dix, et à la *montée de la Cour* cen ttrente et plus.

D'autres, enfin, étendent sur des étagères des *seu* de six pieds de long sur trois de large, des *moushiro* dessus et au *sommeil du Lion* font quatre tables, *sommeil du Bambou* dix, au *sommeil du Bateau* vingt, au *sommeil de la Cour* quarante, et à la *montée de la Cour* soixante et plus.

Ayez des *mé-kago* de bambou de six pieds de long, trois de large et deux pouces environ de profondeur. Étendez dans le

œil, maille), ainsi que les *kago* dont il est question dans ce livre, sont de véritables tables à maille plus ou moins grande, et ressemblent assez aux *canisses*, dont on se sert pour le même but dans le midi de la France.

Le *moushiro* est une natte très-grossière en paille.

Le *seu* est une sorte de natte faite de roseaux très-minces, non fendus, juxtaposés, et reliés entre eux avec de la ficelle. Dr M.

La *warada* (vulg. *waraza*) est une grande corbeille plate faite de faisceaux de paille contournés en spirale et dont tous les cercles sont assujettis les uns aux autres avec de la ficelle. Tous ces ustensiles, quoique grossiers et d'un coût minime, sont d'une propreté remarquable. Dr M.

(1) Les mues sont désignées ici sous les noms de :

Sommeil ou *repos du Lion* pour la première ;

— — *Bambou* pour la deuxième ;

— — *Bateau* pour la troisième :

— — *de la Cour* pour la quatrième.

Nous n'avons pas pu trouver encore l'explication authentique de ces expressions, qui se rapportent évidemment aux premiers âges de la culture du Ver à soie, sinon à son origine. Dr M.

fond de minces *moushiro* et à l'éclosion mettez les vers par deux *kago* par carton, au *repos du Lion* par cinq, au *repos du Bambou* par dix, au *repos du Bateau* par vingt, au *repos de la Cour* par quarante, et à la *montée de la Cour* par soixante, en ayant soin, toutefois, de ne faire cette répartition que progressivement.

Or, voici en quoi consiste l'art de bien faire cette répartition. Dès l'éclosion, les Vers fournis par chaque carton de graines seront distribués dans deux *kago*, et, pour arriver à en avoir cinq au *sommeil du Lion*, chaque jour vous ferez un demi *kago*, soit un *kago* en deux jours, un *kago* et demi en trois jours : à cinq, vous verrez le *sommeil du Lion* s'établir parfaitement. Cela fait, pour arriver à avoir dix *kago* au *sommeil du Bambou*, garnissez chaque jour un nouveau *kago* et au dixième, le *sommeil du Bambou* se fera sans encombre. De même, pour avoir vingt *kago* au *sommeil du Bateau*, vous établirez chaque jour deux *kago* de plus, et au vingtième vous aurez de la façon la plus satisfaisante le *sommeil du Bateau*. Quant au *sommeil de la Cour* au quarantième *kago*, et à la *montée de la Cour* au soixantième, vous procéderez progressivement et d'une manière analogue.

Quel que soit en définitive le genre de tables que vous employez, que le nombre en soit considérable et que les Vers soient tenus si rares qu'ils ne puissent en quelque sorte se toucher les uns les autres.

En ce qui concerne la réussite ou le manque de la récolte, si, après avoir choisi une bonne graine et de bons ouvriers et dirigé votre éducation avec intelligence et travail incessant, les ustensiles dont nous venons de parler étaient en nombre insuffisant, vu l'encombrement dans lequel se trouveraient les Vers et quelque bons que fussent vos soins et la graine, vous pourriez compter sur un désastre. Conséquemment, pratiquez une répartition constante et sagace dans les tables dont nous avons parlé plus haut, appliquez-vous à bien connaître la température du lieu, surveillez l'aération, et surtout prenez garde que l'air ne se vicie.

§ 5. — Des soins à donner à la graine.

Renfermez-la dans un fourreau de papier mince, appliquez des liens et suspendez-la. Seulement pour que son existence ne soit pas compromise, évitez les endroits humides, les rayons du soleil, les murs en terre et les approches de la flamme du feu, de la bougie ou de la lampe. Évitez aussi que les cartons soient pincés ou pressés les uns contre les autres, choisissez enfin un endroit élevé que les rats ne puissent atteindre.

A la fin du dixième mois, enfermez les cartons dans une boîte extrêmement propre et placez-les dans l'endroit le plus froid de la maison pour que les œufs n'éclosent que le plus tard possible. Portez enfin la plus scrupuleuse attention à ce que la *germination* (1) ne s'opère pas dans la boîte.

Vingt jours environ avant que ne s'opère la germination, sortez les cartons de la boîte et suspendez-les dans l'endroit le plus froid de la maison. Dès que la germination se manifestera, vous les transporterez dans le lieu où vous pensez faire l'éclosion (2).

Sachez bien surtout que les boîtes doivent être en bois de *Kiri* ou de *Matseu* (3).

(1) Changement de couleur qui se manifeste avant l'éclosion.

(2) Dans les départements de Mousashi (Bou shiou), Kôtseuké (Dgiò shiou), Moutseu (ò shiou), Déva (ou shiou), etc., au moment des plus grands froids de l'année, c'est-à-dire de la fin décembre à la fin janvier, les cartons sont immergés pendant trois, quatre, cinq jours, soit dans l'eau courante, soit dans une grande auge dont l'eau est renouvelée tous les jours. Non-seulement cette pratique est inoffensive, mais nous connaissons en France une personne qui s'en est on ne peut mieux louée. Quand les cartons sont sortis de l'eau, on les fait sécher dans un appartement abrité, et l'on reconnaît qu'ils ont un degré de siccité convenable lorsqu'ils sont revenus au poids reconnu avant l'immersion. On les place alors dans des fourreaux de papier, et on les y laisse jusqu'aux approches de l'éclosion. D[r] M.

(3) Depuis les temps anciens, cette pratique est suivie au Japon. De ces deux bois pourtant, le *kiri*, — *Paullownia imperialis*, Siebold et Zuccarini, — est regardé comme supérieur au *matseu*, — *Pinus densiflora*, S. et Z. — et cela avec raison ; d'abord par son extrême légèreté, son absence de toute odeur, son peu de porosité, qui le rend presque imperméable, et ensuite par

§ 6. — De l'éclosion.

Ainsi que nous l'avons dit, vingt jours environ avant la germination, sortez vos cartons; suspendez-les dans un endroit élevé où les rats ne les atteigne pas, mais où l'air circule librement. Vous étant ensuite bien rendu compte de la précocité ou de la tardivité suivant la température du lieu, ayez soin de changer très-fréquemment le mode de suspension des cartons au moyen de liens placés aux deux extrémités, et voici pourquoi. De même qu'il existe une différence entre la température du plafond et celle du plancher, du premier étage et du rez-de-chaussée, de même le haut du carton germerait et éclorait avant le bas sans cette précaution. Or, il est nécessaire d'appliquer la plus grande attention à ce que l'éclosion se fasse toute en une seule fois.

La graine éclôt toujours aux environs des *hatci-hatci ya* (1), quelques jours avant ou quelques jours après. Si, aux environs de cette époque, elle était paresseuse, gardez-vous bien de l'exposer au soleil, de la mettre dans le sein, entre les matelas, près du feu, etc., de la réchauffer subitement en un mot. L'éclosion forcée est extrêmement mauvaise.

Lorsqu'en son temps et naturellement la graine ayant bien et également germé, vous vous apercevrez que les Vers ont comme une légère apparence de vouloir sortir, décrochez les cartons, mettez-les par cinq ou six à la suite les uns des autres dans une large feuille de papier blanc, pliez-les et portez-les dans l'endroit destiné à l'éclosion. Après ça, cinq ou six fois dans le jour, ouvrez l'enveloppe, donnez de l'air, et, l'ayant refermée, remettez le tout en place.

Si, toutefois, le temps était pluvieux, faites un peu de feu

son indifférence aux variations atmosphériques. Aussi n'était sa cherté, le *kiri* mériterait, sous bien des rapports, l'attention de nos industries européennes. Dr M.

(1) *Quatre-vingt-huit nuits.* — Cette époque correspond aux environs de la fin avril : en 1867, elle est tombée le 2 mai; en 1868, elle tombera le 23 avril. Ces deux dates représentent à peu près les termes les plus éloignés. Dr M.

dans la maison, mais que le bois brûlé soit du *matseu* ou de la sorte du *matseu* : les bois verts et les espèces odorantes sont très-mauvais. Ne fumez pas non plus auprès des cartons et ne les passez pas par les mains.

Dans les soins que vous aurez à donner aux vers, veillez à vous laver très-fréquemment les mains ; faites en sorte aussi qu'avant l'éclosion tous les ustensiles aient été bien nettoyés, lavés et séchés.

§ 7. — De l'élève à l'éclosion avec la fleur du Mûrier (1).

Quoiqu'il soit de règle d'élever les Vers à soie avec la feuille du Mûrier, cependant que faire lorsque le Ver du printemps éclot et que, suivant les saisons, les provinces ou les localités, les feuilles ne sont pas encore épanouies? Dans ces circonstances, et malgré tout, il faut donner la fleur du mûrier. Si donc vos Vers viennent à éclore dans ces conditions, après vous être bien lavé les mains, allez cueillir, sans rosée, de la fleur de mûrier, faites-la bien sécher, puis écrasez-la dans les mains ; coupée finement, passez-la au crible, vannez-la pour enlever la poussière et préparez-en pour chaque carton de Vers deux *Shiyô* (2) environ.

Cela fait, dans les tables que vous aurez choisies, n'importe quel genre, répandez des balles de riz, puis les Vers éclos, en ayant soin de bien les égaliser, sur cela enfin la fleur de Mûrier préparée. Retournez alors le carton en éclosion, et, à l'aide de petits coups frappés sur l'envers avec des baguettes minces, faites tomber dans les *Kago* les jeunes Vers encore adhérents.

Si l'éclosion se faisait en deux fois, enlevez les éclos du soir de la même façon que les éclos de la quatrième heure du jour. En quelque minime quantité même que soient ceux-là, il ne faut pas attendre au lendemain pour les enlever. Si, en effet, vous veniez à oublier ce principe, toute l'habileté que vous pourriez mettre à les élever ne les préserverait pas d'une

(1) Par fleur de Mûrier, il faut entendre les jeunes bourgeons.

(2) Le *Shiyo* = 2 litres environ.

foule de maladies dans la suite. Élevez donc seulement les éclos du premier jour, donnez-leur convenablement le Mûrier et veillez le plus attentivement possible à les tenir écartés des *huit côtés* (1).

En ce moment, les Vers doivent tenir un espace de six pieds carrés environ par carton de graines.

Employant au début la fleur du Mûrier, faites quatre données par jour et une dans la nuit à la quatrième heure, en tout cinq données; et, si le temps était pluvieux, tâchez qu'elles soient un peu copieuses. Mais, dès que vous pourrez avoir de la feuille, ne perdez pas une minute pour la donner. Après cela, deux ou trois fois par jour, à l'aide de minces baguettes, enlevez les Vers des endroits épais, et, après les avoir disposés bien écartés les uns des autres dans d'autres tables, pratiquez-leur une donnée.

Jusqu'au *sommeil du Lion*, dans la main-d'œuvre intelligente et la tenue très-sèche de tout ce qui touche le Ver à soie consiste l'art d'éviter les maladies. Si le temps était pluvieux avec persistance et que vous craigniez que l'humidité ne pénétrât jusqu'au lit du Ver, éparpillez sur les jeunes insectes des balles de riz et, de suite après, faites une donnée.

Dans les quatorze ou quinze jours qui suivent l'éclosion, il est d'une telle importance d'être attentif à l'état de la température, que nous ne savons peut-être pas si les maladies diverses ne sont pas plutôt du fait de l'inobservance de ce principe que la maladresse de l'éducateur. Un grand nombre de gens, quand ces maladies surviennent, les regardent avec saisissement comme naissant *ex abrupto*, tandis que, si la récolte manque, la cause entière en est au début. Souvenez-vous-en bien.

En ce qui concerne l'aération, comme dans chaque maison elle peut être différente, si votre voisin ferme ses portes, ce n'est pas une raison pour fermer les vôtres ni de les ouvrir s'il les ouvre. Seulement, connaissant bien les dispositions de votre habitation, faites des ouvertures de partout pour

(1) Expression chinoise pour « de partout ».

laisser entrer le vent et fermez-les ou les ouvrez suivant vos besoins, après avoir, toutefois, consulté la marche des nuages. Cela est très-essentiel.

Que le bois de vos étagères ne soit pas vert, et que les tables, les *moushiro* et même les balles de riz soient préparés et bien séchés avant l'éducation.

§ 8. — De l'élève à l'éclosion avec de la jeune feuille de Mûrier.

Quoiqu'il puisse arriver, dans les années où la feuille de Mûrier n'est pas épanouie au moment de l'éclosion prématurée des Vers, de nourrir les jeunes insectes avec de la fleur de Mûrier, cependant, comme il est de règle de donner de la feuille dès l'éclosion, il va sans dire que, si vous le pouvez, c'est avec de la feuille seulement que vous ferez votre éducation.

Au début donc, coupez finement, avec des ciseaux, les jeunes feuilles, dont vous aurez, du reste, enlevé les nervures, passez-les au crible, vannez-les pour enlever la poussière et mesurez-en environ deux *Shiyo* pour chaque carton de graines.

Après cela, faites un lit de balles de riz (1) dans les tables que vous aurez choisies, n'importe le genre ; sur ce lit, étendez convenablement et également les Vers éclos et donnez la feuille préparée. Puis, renversant le carton en éclosion, tenu par deux personnes, frappez sur l'envers de petits coups avec de minces baguettes et faites tomber les Vers encore adhérents.

En ce moment, les Vers doivent occuper un espace de six pieds carrés environ par carton.

En tous cas, quelle que soit la quantité de Vers éclos sur un carton, grande ou petite, peu importe, n'élevez que les éclos du premier jour. Seulement le succès ou l'insuccès de la récolte est tout entier dans les quatorze ou quinze jours du premier âge. Les Vers, en effet, sont-ils tenus trop épais? la

(1) Dans beaucoup de localités, on se sert de balles de millet.

feuille manque-t-elle? l'aération est-elle mauvaise? le travail, en un mot, n'est-il fait qu'à moitié? et, de suite, les Vers dressent leur tête immobile et les maladies de toutes sortes surviennent. Faites bien attention à cela.

Comme la température peut varier suivant les provinces ou les localités, rafraîchissez légèrement la chambrée, si la localité est chaude, et réchauffez-la légèrement si la localité est fraîche.

De plus, chaque jour, avant de faire les données, ayez bien soin de toujours dégarnir, avec de minces baguettes, les endroits trop épais, pour en garnir une autre table; cela fait, pratiquez la donnée.

Dans les jours pluvieux, allumez du feu dans la maison, et, lorsque l'appartement sera légèrement réchauffé, ouvrez les portes et les fenêtres, pour renouveler l'air, et vous aurez ainsi chassé l'humidité de la pluie.

Au troisième jour après l'éclosion, préparez des lits de balles de riz dans des ustensiles parfaitement nets et transplacez-y les jeunes insectes pour changer la literie. Et si, par exemple, vous pensez d'exécuter ce changement demain avant midi, dès cette nuit, avant de pratiquer la donnée, répandez sur les vers, sans laisser de vides, une petite quantité de balles de riz et là-dessus faites votre donnée. Donnez deux fois dans la nuit, une fois le matin, en tout trois fois. Après cela, au moyen d'un petit balai en plumes, enlevez les Vers en les enroulant, à commencer par un coin de la table, placez-les dans un autre ustensile, et, les étendant des huit côtés, tenez-les très-clair-semés.

De l'éclosion au *sommeil du Bambou*, pratiquez six données par vingt-quatre heures et changez la literie une fois tous les deux jours.

Seulement, en ce qui concerne les maladies des Vers, sachez que le froid est grand de la quatrième heure de la nuit à la cinquième heure du matin et un peu après; faites donc une donnée de nuit pour aider l'insecte à supporter ce refroidissement, et, suivant l'état de l'air, allumez un peu de feu.

Le Ver du printemps s'élève à la fumée, dit-on, et le Ver

d'été au vent (1). Malgré cela, rendez-vous bien compte de l'opportunité de faire du feu, car si le feu est un remède, il peut être aussi un poison. Que celui surtout qui ne sait pas cela s'abstienne.

De plus, sachez que le feu de charbon, quelque minime qu'il soit, est mauvais.

Jugez de la température par vous-même (2), et, au moyen de votre vêtement, rendez-vous compte du froid ou du chaud; mais, en tous cas, ne laissez jamais l'air se vicier.

Pendant les dix-huit ou dix-neuf jours qui suivent l'éclosion, que l'éducateur ne s'éloigne pas un seul instant de ses Vers! L'ouvrier habile se rend bien compte de l'exposition de sa maison, fait attention à toutes choses et veille surtout à l'aération. Par le froid, comme par le chaud, l'air renfermé est un des plus forts poisons. Ne le perdez pas de vue.

§ 9. — De la venue des Vers à soie.

A partir du moment où la grande abondance fait paraître noirs les jeunes Vers, ne vous contentez pas des méthodes de répartition indiquées plus haut.

Car c'est de cette épaisseur, qui les fait paraître noirs comme le cul d'une marmite, que date leur inégalité. Il en est de même des plantes; si vous les espacez suffisamment, elles poussent et grossissent avec facilité et promptitude; mais, si vous les mettez les unes sur les autres, elles restent grêles, de mauvaise venue et tardives.

Quand la main-d'œuvre est mauvaise, il en est de même de la venue. L'ouvrier maladroit donne la nourriture sans discernement. Faut-il donner deux fois par jour? faut-il donner trois fois environ? peu lui importe. Par ce travail aussi mauvais que peu intelligent, les maladies de toutes sortes se déclarent et l'inégalité des Vers est complète. Apprenez en con-

(1) Par *Ver du printemps, harougo*, il faut entendre le Ver annuel, et, par *Ver d'été, natseugo*, le Ver bivoltin. Les Japonais n'élèvent pas le trivoltin. Dr M.

(2) Depuis quelques années, l'usage du thermomètre tend à se répandre.

séquence les bonnes méthodes d'éducation, suivez-en les principes, et le succès dans la récolte ne sera pas à mettre en doute.

Dès sa naissance, le Ver à soie a besoin des soins les plus éclairés et diffère en cela des autres insectes actuels : il aime peu à changer de lui-même la place qui lui est assignée. S'il a du Murier devant lui, il mange, sinon il jeûne. Quelque clair-semés donc que soient les Vers, il faut leur donner du Mûrier tout à fait en grande abondance, sans laisser de places vides, de façon qu'ils ne soient pas exposés à une mauvaise alimentation en allant de ci ou de là chercher leur nourriture.

Quand les Vers sont épais qu'arrive-t-il? Le Ver robuste monte sur le faible pour manger et celui-ci, affaissé, ne peut plus satisfaire son appétit. Les choses étant ainsi, et le Ver de dessus ayant fini de manger la feuille complétement et peu à peu changé de place, le Ver de dessous a beau chercher, celui de dessus ayant déjà tout mangé, il ne trouve que des restes; toute la feuille qu'il rencontre est flétrie, et, pour ceci ou pour cela, le temps se passant, il lui est impossible de manger. Par la faim, toute sortes de maladies peuvent surgir dans la suite, mais surtout la plus grande inégalité. Prenez ceci en considération.

Dans l'éducation du Ver à soie, tout dépend, dit-on, de la bonne ou de la mauvaise chance de l'éducateur : qu'il y ait ou qu'il n'y ait pas de chance, tout dépend certainement de son adresse ou de son inhabileté.

Les années et les saisons peuvent aussi être des causes de réussite ou d'insuccès; mais, en ceci encore, suivant les éducateurs, il y aura des différences dans les résultats. Quel que soit, en un mot, le nombre de chanceux que vous réunissiez, suivant que le travail sera bon ou mauvais, vous aurez une bonne ou une mauvaise récolte.

Il en est de même pour les autres productions de la terre. Dans les bonnes années et malgré la beauté des récoltes qui vous entourent, la venue de la vôtre sera bonne ou mauvaise suivant votre bon ou votre mauvais travail. Dans les mauvaises années et malgré l'état précaire des récoltes voisines, la venue de la vôtre dépendra de la qualité de la main-d'œuvre. Les circonstances atmosphériques étant égales, d'ailleurs, il est évident que toutes les différences proviendront de la nature du travail.

L'homme qui ne s'est pas posé ces raisonnements va, sans réflexion, prier les *Kami* et les *idoles* ; il accuse sans raison ses cartons ; comptant même les richesses du voisin, il le jalouse. C'est là une grande faute. Les *Kami* et les *idoles*, accédant à ses vœux, le protégeraient-ils, que, par son inaptitude, il ne lui serait pas possible d'avoir une bonne récolte. On l'entendrait alors blasphémer de colère : «Y a-t-il encore dans ce siècle des *Kami* et des *idoles* pour être ainsi repoussé d'eux et accablé de toutes sortes de malheurs ! » Par bêtise, ne pouvant se replier sur lui-même, il abominerait ce qu'à l'instant même il adorait! C'est certainement un étrange abus. Interrogez, cependant, un homme expérimenté ; il vous montrera clairement qu'avec de l'intelligence, on peut avoir une bonne récolte lorsque de partout, et quelle que soit l'année, il n'y a que désastres.

Tous les insectes aimant la chaleur, si la température s'élève, on les voit en masse rechercher les endroits chauds. Il en est de même du Ver à soie. Ici, cependant, il faut de l'art dans la chaleur. L'air est-il humide, il faut le sécher ; est-il renfermé, il faut le renouveler. L'air renfermé et brûlé par le feu est un poison des plus forts. Faites-y bien attention. Quoi qu'il en soit, enfin, surveillez l'aération de manière à être content de vous-même.

L'élève des Vers à soie est semblable à l'élève des enfants par leurs parents. Si l'enfant a du lait en abondance, sa santé devient puissante et son développement facile ; si le lait manque, les forces déclinent et le développement s'arrête. Semblablement, si vous donnez au Ver à soie beaucoup de mûrier et des soins assidus, vous l'élèverez aisément; mais que la feuille ne soit pas suffisante, et l'accroissement deviendra impossible.

Réfléchissez beaucoup sur ces comparaisons ; donnez du

Mûrier en abondance et que le travail ne soit parcimonieux en aucune façon.

Depuis le commencement, le Ver à soie existe aussi dans les pays étrangers où la différence du sol n'est pas trop grande. Mais, dans quel pays que ce soit, en tenant bien compte de l'exposition des maisons pour l'aération, en veillant surtout à ce que l'air ne reste pas enfermé et en donnant la nourriture sans paresse et avec intelligence, nous affirmons que l'on peut avoir une bonne récolte.

§ 10. — De la nécessité de tenir les Vers clair-semés aux premiers âges.

L'éducateur qui élève trop de Vers est semblable à celui qui, dans une mesure d'un *shiyo*, mettant juste un *shiyo* d'eau irait se promener en le portant à la main; il risquerait fort d'en perdre.

L'éducateur qui tient ses Vers trop épais est semblable à celui qui, dans un *tan* (1) de terre où l'on peut semer deux *to* (2) de graines, en sèmerait cinq ou six. Tous les deux ont une mauvaise récolte.

Réfléchissant sur ces comparaisons, tenez compte de la grandeur et de l'exposition de votre maison; prenez juste le nombre de bras nécessaire et quelque peu que vous éleviez de Vers, donnez-leur du Mûrier en grande quantité et tenez les Vers très-clair-semés. De cette façon, nous pouvons vous affirmer qu'une bonne récolte n'est pas à mettre en doute.

DEUXIÈME PARTIE.

§ 11. — Strophes.

Que les Vers éclos aujourd'hui soient aujourd'hui enlevés du carton : les laisser jusqu'à demain, c'est les exposer aux maladies.

Ne sois avare ni de travail, ni de *moushiro* : tiens les Vers

(1) Un *tan* = 992 mètres carrés environ.
(2) Un *to* = 10 *shiyo* = 20 litres environ.

très-clair-semés et n'oublie pas la donnée de nuit, pour leur faire supporter le froid.

Si ton voisin change la literie une fois, change-la deux fois; s'il donne du Mûrier trois fois, fais quatre données.

Lorsque l'air respirable subira des changements de froid ou de chaud, ne le laisse pas renfermé pour cela; au moyen du Mûrier fais supporter ces changements.

Pendant les sommeils, ne laisse pas les Vers la bouche vide; le mûrier en petite quantité (1) est le poison des poisons.

Quant au vent, veille seulement à ce qu'il ne reste pas enfermé : jour et nuit fais-y attention et ouvre les ouvertures.

Dès le début, tiens les Vers rares et le Mûrier en petite quantité (2). Que l'air ne se vicie pas et que la literie soit changée fréquemment.

Dans les jours froids, donne encore du Mûrier en petite quantité mais très-souvent, et prends bien garde que, même pendant la nuit, l'air ne vienne pas à se vicier.

Élève le Ver du printemps à la fumée, mais non au feu, et fais supporter le froid comme le chaud au moyen du Mûrier.

Puisque le Ver respire comme l'homme, fais entrer l'air dans de justes proportions et sans le laisser se vicier.

Que les strophes ci-dessus soient chantées trois fois par jour en travaillant à l'éducation.

§ 12. — Du sommeil du Lion.

Dès que vous vous apercevrez que les Vers vont *dormir du sommeil du Lion*, changez-les promptement de literie. Cela fait, donnez pendant un seul jour du Mûrier huit ou neuf fois — suivant les localités, ces données portent le nom de *sémè-kouva* (3) et de *fouri-kouva* (4). — En pratiquant les

(1) C'est-à-dire rarement.

(2) Mais très-fréquemment.

(3) *Sémè*, embarras; *kouva*, mûrier; mûrier embarrassant.

(4) *Fouri*, tomber; *kouva*, mûrier; mûrier tombant comme la pluie.

huit ou neuf données ci-dessus, le Ver demeure et dort sous la feuille sans en manger la moindre partie et la feuille reste en excès. Cela importe fort peu ; quelle que soit la quantité de feuille laissée, donnez le *sémé-kouva*, donnez le *fouri-kouva*. Il serait même bon, en quelque sorte, de ne jamais cesser ce *sémé-kouva* et de donner, en tous cas, de l'éclosion à la confection du cocon, du Mûrier en telle abondance que les Vers ne pussent jamais tout le manger. Car, à coup sûr, la récolte serait mauvaise si les feuilles venaient à être en manque.

Dans le courant du *sémé-kouva*, les Vers dont le sommeil a été précoce sortent après s'être dépouillés de leur peau extérieure ; — cela s'appelle *changer de soie*. — Or, lorsque vous verrez venir sur les couches de Mûrier les plus supérieures les Vers ayant ainsi changé de soie, cessez le *sémé-kouva*. Car, si vous agissez différemment, et que, dans l'intention d'égaliser vos élèves, vous continuiez à tort de donner le *fouri-kouva* pour attendre les retardataires, les premiers sortis mangeraient bien deux ou trois fois du *fouri-kouva*, mais lorsque, forcément, les repas seraient interrompus à cause des jeunes Vers, ils auraient beaucoup à souffrir. De là pourraient dater des maladies diverses ; prenez-y bien garde.

En ce moment, suivant les provinces ou les localités, on emploie des filets dont les mailles sont progressivement proportionnées à la grandeur des insectes. Dans ce cas, environ vers le milieu du sommeil, on répand des balles de riz sur les Vers, puis on étend le filet et tout de suite on fait une donnée de mûrier. Les Vers qui ont terminé leur sommeil restent sous le filet la bouche close ; mais les jeunes, qui n'ont pas encore dormi, passent à travers les mailles et viennent sur la feuille. Saisissant alors le filet par les quatre coins, on le transporte dans une autre table, et, pour faire dormir les Vers, on leur donne le *sémé-kouva*. De plus, on fait en sorte de hâter un peu la sortie.

Vers le milieu de la sortie, il est pressant de donner fréquemment. Au quatrième sommeil même il ne faut pas laisser les Vers la bouche vide : laisser les Vers la bouche vide est un des plus grands poisons.

Dans les endroits où l'on ne se sert pas de filets, lorsqu'au moment du *sémé-kouva* l'on voit les Vers précoces se lever et changer de soie, ainsi que nous l'avons dit plus haut, on suspend le *sémé-kouva* : puis, à l'aide de brins de paille ou de toute autre chose analogue, placés en quatre ou cinq endroits sur les tables, on fait des marques. Saisissant alors avec de minces bâtonnets les jeunes Vers qui n'ont pas encore dormi, on les transplace dans d'autres tables où tout de suite on leur prodigue le *sémé-kouva*. On fait en sorte enfin de presser un peu le sommeil pour leur permettre d'atteindre les hâtifs.

Cela est de la plus grande importance dans l'art de l'éducateur. Si, en effet, du *sommeil du Lion*, qu'on appelle aussi *premier sommeil* ou *premier air*, au *sommeil du Bambou*, appelé aussi *second sommeil* ou *second air*, et au *sommeil du Bateau*, soit à l'aide du filet dont nous avons parlé plus haut, soit à l'aide de la sélection, d'après les marques faites sur les tables avec des brins de paille, vous arrivez au sommeil de la Cour avec une parfaite égalité de tous vos élèves, vous aurez employé une excellente méthode qui vous évitera beaucoup de peines.

En tenant toujours les Vers clair-semés et en leur donnant du Mûrier en grande abondance, si le travail est bien conduit, les cocons seront très-gros, très-chargés de soie et le brin d'une grande résistance. Mais, si on les tient épais, le Ver comme le cocon restera grêle, la soie peu abondante, le brin fin mais doué de peu d'élasticité. Tout cela est d'une grande importance pour les intérêts de l'éducateur.

§ 13. — De l'antipathie du Ver à soie pour les grands vents.

Quoique chaque pays et chaque localité ait sa façon différente d'ustensiles pour les Vers, employez vous-même ce que précisément vous trouvez bon suivant l'exposition de votre maison et d'après la température de votre contrée. De plus, si votre maison était en chaume, ouvrez la grande fenêtre du fronton et régularisez l'aération au moyen des portes : c'est une chose très-essentielle.

Depuis le commencement, on sait que le grand vent est un poison pernicieux pour les Vers à soie et qu'on les voit fuir dès qu'ils en sont atteints directement. Malgré cela, comme un poison peut devenir remède, ainsi qu'on le dit proverbialement, il faut toujours en laisser entrer une petite quantité, juste assez pour que l'air soit constamment renouvelé.

C'est surtout aux premiers âges que l'atteinte directe du vent est mauvaise pour les Vers. Cependant, en prenant le vent de loin et en le conduisant par des détours, on évitera cette atteinte directe ; de plus, en ayant soin de le renouveler suivant la marche des nuages, l'aération sera parfaite.

§ 14. — De l'aération.

L'art de l'aération consiste principalement à laisser toujours le vent entrer dans l'intérieur de la maison en petite quantité et de manière qu'il ne puisse pas se vicier. Le vent étant ainsi introduit, avec juste modération, il faut veiller seulement à ce que l'aération ne soit pas d'un froid continu.

Mais si, par un temps de pluie, de vent et de froid quelque grand qu'il fût, pensant bien faire, vous veniez à fermer portes et fenêtres et à faire du feu dans la chambre des Vers ; si, ignorant que l'air peut se corrompre, vous ne permettiez pas au moindre peu de vent de pénétrer, la viciation aurait bien vite lieu et après cela des maladies de toutes sortes.

Quelque rigoureuse donc que soit la température, laissez le vent pénétrer modérément et que l'aération ne soit pas d'un froid continu. De plus, au moyen de données abondantes, aidez-le Ver à la supporter.

Dans les maisons qui n'ont pas de fenêtres au fronton ou sur le toit, c'est en ouvrant et en fermant les portes qu'on peut diriger l'aération. Si le vent souffle du midi et que la température devienne chaude, ouvrez et fermez les portes et les fenêtres ; mais si, à votre idée, la chaleur était trop forte, faites des ouvertures d'un, de deux, de trois côtés, et, quelle que soit la quantité d'air qui rentre, veillez seulement à ce qu'il ne se corrompe pas. De plus, au moyen de n'importe quel nombre de données, aidez les Vers à supporter la chaleur.

En définitive, les Vers à soie éclosent toujours, quelles que soient les années, aux environs des *hatei-djiou-hatei-ya ;* comme à cette époque il y a encore de la neige sur les hautes montagnes, la détermination réelle du froid ou du chaud ne pouvant pas être fixée, il est bon de diriger l'aération par le travail des mains et suivant l'exposition des maisons, et de veiller surtout à la non-corruption de l'air.

De plus, à l'époque de la confection du cocon, c'est-à-dire aux environs du milieu du cinquième mois, il est d'usage de porter le vêtement sans doublure (1). En conséquence, par le froid comme par le chaud, donnez beaucoup de Mûrier aux Vers, et au moyen de la feuille faites-leur supporter les variations de la température.

Comme l'aération enfin est différente, suivant l'exposition des maisons, si votre voisin ouvre ses portes, gardez-vous bien de faire aveuglément comme lui. Mais réfléchissez aux dispositions de votre habitation et, tout en faisant un peu de feu, tâchez que l'air ne vienne pas à se corrompre.

§ 15. — Des soins au sommeil du Bambou.

De l'éclosion à la confection du cocon, on aura soin de changer la literie tous les deux jours ; il ne faut pas attendre trois jours.

De plus, du *sommeil du Bambou* au *sommeil du Bateau*, on donnera sans faute le Mûrier quatre fois le jour et une fois la nuit, en tout cinq fois. Cela étant, par des données copieuses le plus possible, on tâchera de hâter un peu les Vers.

Cela dit, au *sommeil du Bambou*, donnez aussi le *sémékouva*, et, lorsque vous verrez les Vers se lever après avoir changé de soie, cessez-le, ainsi que nous l'avons dit ci-avant. Placez enfin les filets et égalisez vos élèves.

(1) Japonisme, pour indiquer la venue de la chaleur.

Dans les pays où le filet n'est pas en usage, on place, comme nous l'avons dit plus haut, des marques en tiges de paille sur les tables et l'on enlève les plus jeunes Vers. Seulement, par quel nombre que ce soit de données de *sémé-kouva*, on tâche de leur faire atteindre les précoces. De plus, quand ces derniers, après avoir changé de soie, arrivent environ à la moitié de leur sortie, de suite il faut leur faire les données régulières de Mûrier. Si l'on venait, en effet, à interrompre subitement la nourriture des Vers qui ont dormi, ils en souffriraient extrêmement. Dans ce cas, on devrait d'abord choisir les faibles et les mouillés et pratiquer aux Vers restant une donnée le plus tôt possible.

En un mot, jusqu'au quatrième sommeil, il n'est pas de poison plus grand que de laisser les Vers la bouche vide. Qu'on y fasse bien attention.

§ 16. — De l'opportunité du feu.

On a vu des gens jeter sans raison dans la rivière ou enterrer dans la montagne leurs Vers à soie qui, ayant très-souffert du froid de l'éclosion au *sommeil de la Cour*, étaient atteints de maladies diverses. N'est-ce pas vraiment là une chose extrêmement pitoyable?

Il est bon de savoir à ce propos que de la quatrième heure de la nuit à la cinquième heure du matin le froid étant à sa plus grande intensité, c'est à ce moment que les maladies prennent naissance. Aussi à quel instant que vous trouviez le temps froid, faites un peu de feu avec du bois de *matseu* (1) ou de l'espèce du *matseu*, de manière seulement à ne réchauffer que juste ce qu'il faut, ouvrez la fenêtre du toit, renouvelez l'air pour qu'il ne se vicie pas, et de suite faites une donnée. Si, toutefois, vous n'aviez pas de fenêtre au toit, dirigez l'aération au moyen des portes, mais de façon à ne pas laisser l'atmosphère se corrompre.

Il est évident que l'opportunité de faire du feu dépend de l'intensité du froid. Si jour et nuit le temps est froid, jour et

(1) Pin.

nuit aussi il faut faire un peu de feu et avoir soin d'aérer comme de donner aussitôt après du mûrier.

Quant à l'endroit où l'on doit faire le feu, il le faut à huit ou neuf pieds environ éloigné des Vers et séparé d'eux, soit par des paravents, soit par des draps, soit même par des *moushiro*. Dans ces conditions, on peut faire du feu sans craindre que la chaleur n'atteigne directement les Vers.

Aux premiers âges, cependant, la différence étant très-grande, les plus minutieuses précautions doivent être prises.

Que la chaleur soit modérée et l'air surtout renouvelé. Par le froid comme par le chaud, l'air renfermé et brûlé est le premier de tous les poisons. Il faut, en résumé, que l'aération soit dirigée de façon à éviter cet écueil; que le Mûrier soit donné en grande abondance, que la literie soit changée fréquemment; que les vers puissent toujours demeurer au milieu de la feuille fraîche, et, dans ces conditions, nous pouvons garantir une heureuse récolte.

§ 17. — Des soins au sommeil du Bateau.

Dès que vous verrez les Vers prêts à s'endormir du *sommeil du Bateau*, vous ferez comme pour les autres sommeils, et puis vous donnerez le Mûrier habituel.

Du *sommeil du Bateau* au *sommeil de la Cour*, le mûrier sera donné quatre fois par jour. Quelque grande que soit la quantité de feuille restant, cela importe peu. Ne craignez pas d'en donner en pleine abondance. Avec cela, n'oubliez pas que, depuis le commencement, vous devez tenir les Vers rares, les aérer, et surtout veiller à la non-corruption de l'air.

§ 18. — De l'opportunité du changement de literie.

De l'éclosion à la confection du cocon, on devra changer la literie tous les deux jours et ne jamais attendre trois jours. On profitera de cette opération pour mettre au milieu les Vers des bords des tables et aux bords les Vers du milieu, et cela parce que, quoique légère, il y a toujours une différence dans l'aération du milieu et des bords des tables. De plus, on mettra en bas les tables du haut et en haut les tables du bas, parce que, là encore, il y a une différence dans l'aération.

L'avantage de ce changement est de faciliter l'égalisation des Vers. Si donc, par suite de l'anomalie de l'aération, vos Vers venaient à se trouver dans l'impossibilité de dormir ensemble, n'ayez rien de plus pressé que de les changer de literie et de les mettre dans des tables parfaitement sèches.

Il y a des gens qui, par rapport aux sommeils ou à autre chose, n'opèrent pas, et cela maladroitement, ces changements. C'est une grande faute, car la moindre maladresse entraîne l'insuccès; et s'ils pouvaient là-dessus avoir le moindre doute, une suite de deux ou trois années se chargerait de les édifier.

§ 19. — Du froid.

Quoiqu'on dise que la récolte est mauvaise sans exception lorsque par des pluies continues et des froids progressifs dans tout l'empire, les Vers éprouvent une grande souffrance, nous ne craignons pas, nous, d'affirmer que la récolte sera bonne, malgré ces circonstances, si l'on veille à une bonne aération et par-dessus tout à la non-corruption de l'air, si l'on pratique des données très-abondantes, si enfin le travail est intelligent et sans relâche.

En faisant du feu dans divers endroits de l'intérieur de la maison pour chasser l'humidité; en ouvrant et en fermant les portes et les fenêtres pour empêcher l'air de se vicier; en distribuant l'aération dans tous les coins où il y a des Vers; de plus, en faisant supporter le froid au moyen de deux, trois données supplémentaires par jour; en changeant enfin tous les jours la literie, quelque froid que puisse être le temps, nous garantissons une bonne récolte.

§ 20. — Des soins au sommeil de la Cour.

Avant le *sommeil de la Cour*, les Vers grossissent progressivement; il faut donc, suivant ces progrès, leur donner du Mûrier en abondance, de façon même qu'ils puissent demeurer en quelque sorte au milieu de la feuille fraîche.

Comme il n'y a plus de sommeil après celui de la Cour, il n'est plus nécessaire d'employer les filets ni autre chose. Vers le milieu de la sortie seulement, on donnera en hâte la feuille ordinaire, car, même au quatrième sommeil, il n'est pas de plus grand poison pour les Vers que de les laisser la bouche vide.

A partir de cette époque, il faut choisir la feuille extra-belle, et, au moyen de données copieuses, aider les Vers à supporter la chaleur, veiller toujours à ce que l'air ne se vicie pas, que l'aération soit bien ordonnée en consultant la direction des nuages, et que les rayons du soleil couchant ne puissent pas pénétrer.

§ 21. — De la chaleur.

Il est des années où la chaleur est très-grande : donnez alors beaucoup de Mûrier, parce que le cocon se fera beaucoup plus vite que vous ne pensez. Ainsi, quelle que soit la quantité de feuille qui reste, cela importe peu. Donnez, donnez souvent ; c'est par la feuille que les Vers supporteront la chaleur, et certainement si la feuille venait à n'être pas suffisante, la récolte serait mauvaise.

Dans ces années donc, avec une bonne aération, le renouvellement de l'air respirable, le changement de literie à chaque donnée, quelque nombreuses qu'elles soient, avec, enfin, l'abondance de la feuille, vos Vers seront à même de supporter la chaleur et, à coup sûr, vous aurez une bonne récolte.

§ 22. — Des maladies des Vers.

De l'éclosion au sommeil du Lion, on voit quelquefois de l'eau blanche sortir des Vers ; on voit aussi quelquefois une grande quantité de Vers qui ne peuvent pas dormir. Cela vient de ce que, après avoir souffert du froid, on les a réchauffés outre mesure.

D'autres fois, du *sommeil du Bambou* au *sommeil du Bateau*, les Vers cessent de manger sans motif connu. Sachez que cette maladie est causée par la tenue trop épaisse des

Vers qui alors n'ont pas de la feuille en quantité suffisante.

Sachez aussi que si d'aucune façon les Vers ne parviennent à dormir, cela tient à une mauvaise distribution du froid et du chaud.

On voit souvent aussi la moisissure s'emparer de la literie.

Du *sommeil du Bateau* à la confection du cocon, on voit des fois les Vers devenir rouges, se racornir et cesser de manger; le Mûrier en quantité insuffisante et le non-renouvellement de l'air en sont seuls la cause. C'est aussi à ce dernier motif qu'il faut attribuer la maladie qui fait chercher aux Vers en foule les bords des tables.

Quelquefois la santé générale des Vers s'affaiblit tout d'un coup; sachez que cela vient seulement de l'insuffisance de la feuille, par suite de leur tenue trop épaisse.

D'autres fois, à l'époque de l'éclosion, la majeure partie des Vers sont mouillés, et cela parce qu'à l'éclosion on a attendu deux ou trois jours de les enlever du carton et que, quoique les éclos du jour soient robustes, les éclos des jours précédents peuvent être exposés à toutes sortes de maladies et le plus fréquemment à l'*humidité*. Il est donc nécessaire de faire attention à cela.

Sachez encore que les Vers qui ont mangé trop longtemps de la fleur de Mûrier (1) deviennent mauvais au sommeil de la Cour.

Aux environs du *sommeil de la Cour*, on voit des fois la tête des Vers grossir et devenir de la couleur du verre; cela est dû à la viciation de l'air et surtout à l'insuffisance de la feuille.

Dans les maisons où les murs (en boue) sont récents, il faut avoir soin de chasser l'humidité en faisant souvent un peu de feu de manière pourtant que l'air ne se brûle pas (2).

En dehors de cela, quoique les autres maladies des Vers soient très-nombreuses, sachez qu'elles dépendent toutes, soit du défaut de soins aux premiers âges, soit des mauvais procédés de données, soit enfin des vices de l'aération.

(1) Bourgeons non épanouis.

(2) Et cela avant de faire l'éducation, et comme préservatif de maladies ultérieures.

Reste le choix des graines, et, comme il y en a de mauvaises, il est important de bien s'édifier sur leur origine. Dans tous les cas, ne soyez pas avare dans cette dépense, et, quelque grand que doive être le prix, choisissez une matière irréprochable ; car il faut toujours avoir présent à l'esprit que l'insuccès de la fin est presque toujours dans les débuts.

§ 23. — De la qualité de la graine.

Depuis l'ancien temps, il n'est pas possible de reconnaître réellement à la vue si la graine est bonne ou mauvaise, et un homme sur dix mille même ne saurait en être capable. Il ne reste donc plus, quoi qu'on fasse, qu'à courber la tête. Une chose, cependant, pourrait servir d'indice, c'est le prix, parce que, comme dans tout objet de commerce, le bon est cher et le mauvais bon marché. Si donc vous avez le désir de choisir de la bonne graine, ne regardez pas au prix, quelque élevé qu'il soit ; prenez la graine la plus chère, et, en agissant sans connaître vos intentions, vous n'aurez à craindre aucune tromperie.

Par ce moyen, personne ne doit plus conserver d'hésitations dans le choix de sa graine. Que si, pourtant, il restait quelqu'un d'indécis, que celui-là encore, ne se laissant pas arrêter par les hauts prix, choisisse les cartons les plus chers, et par une expérience de quatre ou cinq ans, il acquerra la conviction que les pleurs de la fin ont leur cause réelle au début.

§ 24. — Procédés divers à la montée suivant les localités.

Quand le Ver va procéder à la confection du cocon, on dit dans le Midi qu'il va *se mettre dedans* et dans le centre qu'il va *faire son nid.*

Dans le pays de *Shinano* (1), on choisit et l'on met de côté les Vers qui sont sur le point de faire leur cocon, puis on les place dans des *kago* qu'on a eu soin au préalable de garnir

(1) *Shin shiou.*

des petites branches du bois qui a servi au chauffage. Cela s'appelle *Yatohi* (1).

Dans le pays de *O shiou*, on relève les bords des moushiro de deux pouces environ, puis, appuyant sur les quatre angles deux bambous en croix, on les fait rentrer de force et on les assujettit avec des liens. Dans les quatre espaces vides, on place des espèces de pyramides à trois pans, faites avec quatre ou cinq brins de paille, et c'est là que les Vers montent pour faire leur nid. Cela s'appelle *Ebira*.

Dans les localités du centre (2), on attache trois cordes au premier étage et on les laisse pendre de deux côtés opposés (jusqu'au rez-de-chaussée) ; à ces cordes on lie des bambous et sur ces espèces d'étagères on étend des *seu;* c'est sur ces *seu* que les Vers sont élevés et c'est là aussi qu'on place les *waradzeuto* (3) pour le coconnage.

Dans le *Kouanto* (4), enfin, on place dans les *kago* les petites branches du bois qu'on a employé pour le chauffage, et cela porte le nom de *maboushi* (5).

En somme, quoique suivant les provinces et les localités, les ustensiles pour l'éducation des Vers à soie soient différents, n'employez de préférence que les procédés les plus convenables de votre province ou de votre localité. Avec cela que la distribution de la nourriture, du travail, de l'aération, soit surveillée attentivement, n'importe le pays? Que l'éducation enfin soit conduite sans la moindre négligence!

(1) Expression intraduisible.

(2) Les départements du centre sont : Nagato, Seuhô, Aki, Mimasaka, Harima, Bingo, Bitciou et Bizen.

(3) Faisceaux de paille attachés aux deux extrémités et fortement ouverts au milieu, ressemblant assez à de petits barils.

(4) Le Kouantô renferme les départements de : Ava, Kadreuza, Shimôza, Kôtseuké (Dgiô shiou), Shimotseuké, Hitatci, Mousashi et Sagami.

(5) Les *maboushi* sont de petits triangles faits de paille de riz, dont les sommets sont réunis les uns aux autres par un faisceau de paille et espacés de 5 ou 6 centimètres. Ils sont en usage dans le pays de O shiou et les *Ebira* dans le Kuantô. Notre auteur, qui, à l'époque de la composition de son livre, n'avait peut-être pas beaucoup voyagé, relèvera sans doute cette erreur à la prochaine édition, qu'on m'affirme être chez le graveur. Dr M.

§ 25. — Postface.

L'éducation des Vers à soie n'est pas une chose des temps actuels; elle s'est perpétuée d'âge en âge depuis le siècle des *Kami*. Or, quoique ce soit toujours regardé comme une chose merveilleuse et vénérée, les éducateurs de notre époque, soit par folie, soit par insouciance, négligeant la tradition, en sont arrivés à ne plus avoir absolument en vue que la possession de l'argent; méprisant les moyens, ils n'appliquent toutes leurs forces qu'à la fin. C'est là une des plus grandes fautes possibles, et nous les supplions de travailler aux moyens s'ils tiennent à avoir la fin.

Si, par exemple, même chez les plus sages des hommes, le manque d'une des trois choses suivantes venait à avoir lieu, vêtements, nourriture ou habitation, pourrait-on concevoir une existence semblable? De même, comme il est prouvé dès l'origine, que les trois choses suivantes, l'aération, la nourriture, la main-d'œuvre, sont nécessaires pour l'élève des Vers à soie, que l'une de ces trois choses vienne à manquer et la récolte sera perdue!

Que la moindre paresse ne soit donc jamais dans vos éducations, ni pour la nourriture, ni pour la main-d'œuvre, ni pour l'aération! Rendez-vous bien compte de l'exposition de votre maison et que vos soins soient sans relâche!

En conséquence de ce qui précède, nous, Shimidzeu Kinzayémon de Ouhéda Shihodgiri en Shin Shiou, extrêmement peu doué d'habileté, mais bien convaincu du bénéfice qu'on peut retirer des Vers à soie, nous sommes décidé à écrire ce livre pour que, malgré les défauts du style, les femmes et les jeunes garçons pussent facilement en apprendre les principes. Que si, après en avoir pris connaissance, les éducateurs y trouvent de bonnes choses, ils en fassent leur profit; que si, au contraire, ils connaissent eux-mêmes des principes supérieurs à ceux que nous avons exposés, ils veuillent nous les enseigner, nous les en supplions!

P. S. — Nous venions de terminer les annotations de ce travail, lorsque, par le plus grand des hasards, il nous a été donné de lier connaissance avec Shimidzeu, descendu à Yoko-Hama pour apporter quelques cartons de graine bivoltine. Dans les longues conversations que nous avons eues, il nous a paru prendre l'intérêt le plus vif à la situation désastreuse de nos pays séricicoles forcés de s'approvisionner aussi loin d'une semence non pestiférée. Il n'a pas hésité, surtout, à nous confirmer dans les idées que nous avions soumises à la Société d'acclimatation à propos de la culture des Mûriers, et principalement des méthodes d'éducation, si généralement suivies en France et si éloignées des méthodes naturelles consignées dans le texte que nous avions encore sous les yeux. Pour Shimidzeu, la maladie disparaîtra en Europe comme ailleurs, si l'on veut bien suivre les conseils tracés dans son livre, traiter les Mûriers et les feuilles avec un peu plus de délicatesse, et choisir surtout une graine *chère;* c'est son mot pour dire *supérieure.* Cette consolante assurance de la part d'un homme aussi pratique nous récompensera au delà de nos vœux, si, comme nous l'espérons, le succès vient la justifier.

Dr P. MOURIER.

(EXTRAIT DU BULLETIN DE LA SOCIÉTÉ IMPÉRIALE D'ACCLIMATATION, N° de janvier 1868).

Paris. — Imprimerie de E. MARTINET, rue Mignon, 2.

Paris. — Imprimerie de E. MARTINET, rue Mignon, 2.

www.ingramcontent.com/pod-product-compliance
Ingram Content Group UK Ltd.
Pitfield, Milton Keynes, MK11 3LW, UK
UKHW020516180726
13839UKWH00005B/2117

9 782329 353685